CATALOGUE GÉOGRAPHIQUE

DES

OISEAUX

RECUEILLIS PAR

MM. A. MARCHE et Mⁱˢ DE COMPIÈGNE

DANS LEUR VOYAGE

COMPRENANT LES PAYS SUIVANTS

SÉNÉGAL, GAMBIE, CAZAMANCE, SIERRA-LEONE
BONNY, VIEUX-CALABAR, CAP LAGOS, FERNANDO-PO
PRINCIPE, GABON
FERNAND-VAZ ET RIVIÈRE OGOOUÉ

Pendant les années 1872-1874

PAR

A. BOUVIER

PARIS

CHEZ L'AUTEUR

55, QUAI DES GRANDS-AUGUSTINS, 55

—

1875

AFRIQUE OCCIDENTALE

CATALOGUE GÉOGRAPHIQUE

DES

R.OISEAUX

RECUEILLIS PAR

MM. A. MARCHE et Mᵢˢ DE COMPIÈGNE

DANS LEUR VOYAGE

COMPRENANT LES PAYS SUIVANTS

SÉNÉGAL, GAMBIE, CAZAMANCE, SIERRA-LEONE
BONNY, VIEUX-CALABAR, CAP LAGOS, FERNANDO PO
PRINCIPE, GABON
FERNAND-VAZ ET RIVIÈRE OGOOUÉ

Pendant les années 1872-1874

PAR

A. BOUVIER

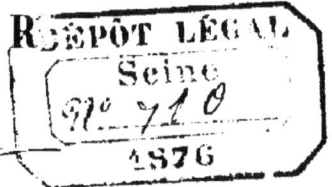

PARIS

CHEZ L'AUTEUR

55, QUAI DES GRANDS-AUGUSTINS, 55

1875

Je dois ici remercier tout particulièrement Monsieur R. BOWDLER Sharpe *de l'obligeance avec laquelle il a bien voulu m'aider dans la détermination d'un certain nombre d'espèces douteuses, et de son bienveillant empressement à me dédier la seule espèce nouvelle des* Striges *provenant du voyage.*

Je dois ici remercier tout particulièrement Monsieur R. Bowdler Sharpe *de l'obligeance avec laquelle il a bien voulu m'aider dans la détermination d'un certain nombre d'espèces douteuses, et de son bienveillant empressement à me dédier la seule espèce nouvelle des* Striges *provenant du voyage.*

AVES

~~~~~~~~~~

ACCIPITRES

S.-ordre. *FALCONES.*

Fam. VULTURIDÆ.

S.-fam. *VULTURINÆ.*

Pseudogyps Africanus. *Salvad.*
Dakar (Sénégal).
Otogyps auricularis. *Daud.*
Presqu'île du Cap-Vert.
Lophogyps occipitalis. *Burch.*
Fernand-Vaz.

S.-fam. *NEOPHRONINÆ.*

Neophron pileatus. *Burch.*
Ruffisque (Sénégal), Sierra-Leone.

Fam. FALCONIDÆ.

S.-fam. *ACCIPITRINÆ*.

Polyboroïdes typicus. *Smith*.

Gabon.

Circus macrurus. *Gm.*

Ruffisque (Sénégal.)

Melierax polyzonus. *Rüpp*.

Daranka (Gambie).

Astur macroscelides. *Hartl.*

Confluent de l'Ogooué.

— sphenurus. *Rüpp*.

Rivière de Malacorée.

Accipiter Hartlaubi. *Verr*.

Gabon.

S.-fam. *AQUILINÆ*.

Lophoaëtus occipitalis. *Daud*.

Confluent de l'Ogooué.

Asturinula monogrammica. *Temm*.

Bathurst (Gambie), Sédhiou (Cazamance).

Haliaëtus vocifer. *Daud*.

Confluent de l'Ogooué, Haut-Ogooué, lac Onangué.

Gypohierax Angolensis. *Gm.*

Confluent de l'Ogooué, Fernand-Vaz.

Nauclerus Riocouri. *Vieill*.

M'baô, Hann (Sénégal).

Milvus Ægyptius. *Gm.*

Dakar, Ruffisque.

Milvus niger. *Briss*.

Presqu'île du Cap-Vert.

S.-fam. *FALCONINÆ*.

Baza cuculoïdes. *Swains*.

Gabon.

Cerchneis tinnuncula. *Linn*.

Presqu'île du Cap-Vert, Hann.

— tinnunculoïdes. *Temm*.

M'baô, Hann.

S.-ordre. *PANDIONES*.

Fam. **PANDIONIDÆ**.

S.-fam. *PANDIONINÆ*.

Pandion haliaëtus. *Linn*.

Ile de Gorée (Sénégal.)

S.-ordre. *STRIGES*.

Fam. **STRIGIDÆ**.

S.-fam. *SURNINÆ*.

Microglaux perlata. *Vieill*.

Sainte-Marie de Bathurst.

S.-fam. *BUBONINÆ*.

Nyctaëtus fasciolatus. *Temm*.

Bonny (Golfe de Guinée).

Nisuella gracilis. *Less*.

Sierra-Leone.

Scotopelia Peli. *Temm.*

Lac Onangué (Gabon).

— Bouvieri. *Sharpe.*

Haut Ogooué.

Scops capensis. *Smith.*

Marigot de M'baô.

Ptilopsis leucotis. *Temm.*

Daranka (Gambie).

S.-fam. *SYRNINÆ.*

Syrnium Woodfordi. *Smith.*

Gabon.

S.-fam. *STRIGINÆ.*

Strix Africana. *Bp.*

Ruffisque (Sénégal).

PASSERES

S.-ordre. *FISSIROSTRES.*

Fam. CAPRIMULGIDÆ.
S.-fam. *CAPRIMULGINÆ.*

Caprimulgus fulviventris. *Hartl.*

Gabon, Ogooué.

Scortornis longicaudus. *Steph.*

Presqu'île du Cap-Vert, Fernand-Vaz.

Macrodipteryx longipennis. *Shaw*.

>Diatacunda (Cazamance).

Fam. CYPSELIDÆ.

S.-fam. *CYPSELINÆ*.

Cypselus affinis. *Gray*.

>Bathurst (Gambie).

Cypsiurus parvus. *Licht*.

>Bonny (Golfe de Guinée).

S.- fam. *CHÆTURINÆ*.

Chætura Sabinei: *Gray*.

>Fernando-Po.

Fam. HIRUNDINIDÆ.

S.-fam. *HIRUNDININÆ*

Hirundo rustica. *Linn*.

>M'baô, Ruffisque, Almadis.

— lucida. *Verr*. et *Hartl*.

>Bathurst (Gambie).

Cecropis Senegalensis. *Linn*.

>Joal (Sénégal), Sédhiou.

Psalidoprogne melbina. *Verr*.

>Confluent de l'Ogooué.

Fam. CORACIADÆ.

S.- fam. *CORACIANÆ*.

Coracias pilosa. *Lath*.

>Daranka (Gambie).

Coraciura cyanogastra. *Cuv*.

Hann, Ruffisque.

— Abyssinia. *Bodd*.

Dakar, pointe du cap Vert, Deine.

Cornopio gularis. *Vieill*.

Ponte (Sénégal).

— afer. *Lath*.

Daranka (Gambie), Sierra-Leone,
Vieux-Calabar, Gabon.

Fam. **ALCEDINIDÆ**.

S.-fam. *DACELONINÆ*.

Halcyon Senegalensis. *Linn*.

M'baô, Ruffisque, Diatacunda, Sierra-Leone,
riv. Malacorée, Gabon, confluent Ogooué.

— cinereifrons. *Vieill*.

Sierra-Leone, Bonny, Gabon.

— malimbica. *Shaw*.

Confluent Ogooué.

— semicerulea. *Forsk*.

Sierra-Leone.

— badia. *Verr*.

Gabon.

— dryas. *Hartl*.

Hann (Sénégal).

— cyanoleuca. *Vieill*.

Ruffisque, Sierra-Leone.

Chelicutia chelicuti. *Reich*.

Sénégal.

S.- fam. *ALCEDININÆ.*

Alcedo quadribrachys. *Bp.*

Gabon, confluent de l'Ogooué, Fernand-Vaz.

— semitorquata. *Sw.*

Gabon.

Corythornis cristata. *Linn.*

Hann, Sierra-Leone, Gabon, Fernand-Vaz.

— leucogaster. *Gray.*

Gabon, confluent de l'Ogooué.

Ispidina picta. *Bodd.*

Vieux-Calabar, Gabon.

— coronata. *Smith.*

Sierra-Leone.

Ceryle rudis. *Linn.*

Rufisque, M'baô, Bathurst, confl. de l'Ogooué.

— maxima. *Pall.*

Fernand-Vaz.

— Sharpei. *Gould.*

Confluent de l'Ogooué.

Fam. MEROPIDÆ.

S.-fam. *NYCTIORNITHINÆ.*

Meropiscus gularis. *Shaw.*

Confluent de l'Ogooué.

S.- fam. *MEROPINÆ*

Merops apiaster. *Linn.*

Sénégal.

— Savignyi. *Sw.*

Sédhiou (Cazamance).

Merops albicollis. *Vieill*.

> Sierra-Leone, Gabon.

— Nubicus. *Gm*.

> Daranka.

— Malimbicus. *Shaw*.

> Gabon, confluent de l'Ogooué.

— Angolensis. *Gm*.

> Gabon.

— hirundinaceus. *Vieill*.

> M'baô, Hann.

Melittophagus pusillus. *Müll*.

> Dakar, Hann, Ruffisque.

— collaris. *Vieill*.

> Daranka.

— Bullocki. *Vieill*.

> Zinghinchor (Cazamance).

S.-ordre. *TENUIROSTRES*.

Fam. UPUPIDÆ.

S.-fam. *UPUPINÆ*.

Upupa Senegalensis. *Sw*.

> Ponte (Sénégal).

S.-fam. *IRRISORINÆ*.

Irrisor Senegalensis. *Lath*.

> Ruffisque, Joal (Sénégal).

— aterrimus. *Steph*.

> Déine (Sénégal).

Fam. PROMEROPIDÆ.

Nectarinia splendida. *Shaw*.

  Ruffisque, M'baô, Daranka, Sierra-Leone.

— Jardinei. *Verr*.

   Gabon.

— Johannæ. *Verr*.

   Gabon.

— amethystina. *Shaw*.

— Senegalensis. *Linn*.

  Hann, Daranka., Sédhiou.

— Angolensis. *Less*.

  Confluent de l'Ogooué.

— venusta. *Shaw*.

  Dakar, Hann, Joal, Sierra-Leone.

— superba. *Vieill*.

Cap Vert, Gabon, confluent de l'Ogooué.

— subcollaris. *Reich*.

  Confluent de l'Ogooué.

— chloropygia. *Jard*.

  Vieux-Calabar, Gabon, Fernando-Po,
   confluent de l'Ogooué.

— cyanolæma. *Jard*.

  Sierra-Leone.

— tephrolæma. *Jard*.

  Confluent de l'Ogooué.

— obscura. *Jard*.

  Confluent de l'Ogooué.

Nectarinia Reichenbachii. *Hartl.*

Gabon.

— cyanocephala. *Gm.*

Sierra-Leone, Gabon.

— affinis. *Rüpp.*

Hann.

— verticalis. *Vieill.*

Sierra-Leone.

— cuprea. *Shaw.*

Joal, Bathurst, Daranka, Gabon.

— fuliginosa. *Shaw.*

Gabon.

— pulchella. *Linn.*

Dakar, Hann, Ponte, Bathurst.
Daranka, Ruffisque.

S.-fam. *ARACHNOTERINÆ.*

Anthreptes Longuemarii. *Less.*

Ponte (Sénégal).

— aurantia. *Verr.*

Confluent de l'Ogooué.

Fam. MELIPHAGIDÆ.

S.-fam. *MELITHREPTINÆ.*

Zosterops Senegalensis. *Bp.*

Bathurst.

S.-ordre. *DENTIROSTRES.*

Fam. LUSCINIDÆ.

S.-fam. *MALURINÆ.*

Drymoica Strangeri. *Fras.*

Confluent de l'Ogooué, lac Onangué.

Drymoica superciliosa. *Sw.*

Daranka.

Cisticola schœnicola. *Bp.*

Dakar.

Melocichla mentalis. *Fras.*

Bonny.

Hylia superciliaris. *Tem.*

Gabon.

Bæocelis badiceps. *Fras.*

Confluent de l'Ogooué.

Eremomela pusilla. *Hartl.*

Bathurst.

Camaroptera brevicaudata. *Rüpp.*

Gabon.

Sylvietta microura. *Rüpp.*

Lac Onangué.

S.-fam. *CALAMODYTINÆ.*

Calamodyta arundinacea. *Linn.*

Ruffisque.

Thamnobia frontalis. *Sw.*

Daranka.

S.-fam. *SYLVIANÆ.*

Phyllopneuste Bonelli. *Vieill.*

Joal (Sénégal.)

S.-fam *SAXICOLINÆ*

Saxicola œnanthe. *Linn.*

Dakar, Bathurst.

Saxicola albicollis. *Vieill.*

Bathurst.

Pratincola rubicola. *Linn.*

Fernand-Vaz.

— rubetra. *Linn.*

M'baô.

Fam. PARIDÆ.

S.-fam. *PARINÆ.*

Parus funereus. *Verr.*

Gabon.

Fam. MOTACILLIDÆ.

S.-fam. *MOTACILLINÆ.*

Motacilla gularis. *Sw.*

Dakar.

— Vaillanti. *Cab.*

Confluent de l'Ogooué, lac Onangué.

Budytes flava. *Linn.*

Gabon.

— Rayi. *Bp.*

Dakar, Ruffisque.

S.-fam. *ANTHINÆ.*

Agrodroma campestris. *Bechst.*

Bathurst.

Pipastes plumatus. *Müll.*

Dakar.

Macronyx croceus. *Vieill.*

Fernand-Vaz.

Fam. TURDIDÆ.

Turdus Pelios. *Hartl.* nec *Bp.*

Gabon.

— apicalis. *Licht.*

Sénégal.

Monticola saxatilis. *Linn.*

Bathurst.

Bessonornis albicapilla. *Vieill.*

Sédhiou (Cazamance).

— verticalis. *Hartl.*

Fernand-Vaz.

— Poënsis. *Strickl.*

Fernando-Po.

Fam. PYCNONOTIDÆ.

S.-fam. *PYCNONOTINÆ.*

Pycnonotus barbatus. *Desf.*

Dakar, M'baô, Bathurst.

— Ashanteus. *Bp.*

Bonny.

S.-fam. *PHYLLORNITHINÆ.*

Criniger tephrogenys. *Jard.* et *Selb.*

Sierra-Leone.

— flavicollis. *Sw.*

Joal (Sénégal).

Ixonotus guttatus. *Verr.*

Confluent de l'Ogooué, haut Ogooué.

Bæpogon nivosus. *Temm.*

Vieux-Calabar.

Pyrrhurus leucoplurus. *Cass.*

Gabon, haut Ogooué.

Hypotrichas calurus.

Gabon.

Andropadus latirostris. *Strickl.*

Daranka.

— virens. *Cass.*

Confluent de l'Ogooué.

S.-fam. *CRATEROPODINÆ.*

Crateropus Reinwardtii. *Sw.*

Bathurst.

— platycircus. *Sw.*

Dcine (Sénégal).

Hypergerus atriceps. *Less.*

Sierra-Leone.

Fam. DICRURIDÆ.

S.-fam. *DICRURINÆ.*

Musicus coracinus. *Verr.*

— divaricatus. *Licht.*

Tièse (Sénégal).

Fam. ARTAMIDÆ.

S.-fam. *ARTAMINÆ.*

Pseudochelidon eurystomina. *Hartl.*

Lac Onangué.

Fam. ORIOLIDÆ.

S.-fam. *ORIOLINÆ.*

Oriolus auratus. *Vieill.*

Zinghinchor (Cazamance).

— larvatus. *Licht.*

Gabon.

— brachyrhynchus. *Sw.*

Gabon.

Fam. ÆGITHINIDÆ.

S.-fam. *ÆGITHININÆ.*

Alethe castanea. *Cass.*

Confluent de l'Ogooué.

Fam. MUSCICAPIDÆ.

S.-fam. *MUSCICAPINÆ.*

Muscicapa modesta. *Hartl.*

Lac Onangué.

Hyliota flavigaster. *Sw.*

Bathurst.

Artomias fuliginosa. *Verr.*

Gabon

Cassinia Fraseri. *Strickl.*

Fernando-Po.

Bias musica. *Vieill.*

Gabon, confluent de l'Ogooué.

S.-fam. *MYIAGRINÆ.*

Elminia longicauda. *Sw.*

Sierra-Leone.

Platysteira cyanea. *Müll.*

Sédhiou, Sierra-Leone, Gabon.

Batis pririt. *Vieill.*

Bonny.

Dyaphorophyia leucopygialis. *Fras.*

Gabon.

Tchritrea melampyra. *Verr.*

Fernand-Vaz.

— Duchaillui. *Cass.*

Confluent de l'Ogooué, lac Onangué.

— viridis. *Müll.*

Fernand-Vaz.

— flaviventris. *Verr.*

Gabon, confluent de l'Ogooué.

— nigriceps. *Temm.*

Sierra-Leone.

S.-fam. *CAMPEPHAGINÆ.*

Campephaga nigra. *Levaill.*

Fernand-Vaz.

Fam. LANIIDÆ.

S.-fam. *LANIINÆ.*

Corvinella corvina. *Schaw.*

Presqu'île du Cap-Vert, M'baô, Daranka.

Lanius rutilans. *Temm.*

Joal.

S.-fam. *MALACONOTIDÆ.*

Fraseria ochreata. *Strickl.*

Fernand-Vaz.

Fraseria cinerascens. *Temm.*

Confluent de l'Ogooué.

Nilaus brubru. *Lath.*

Daranka, Zinghinchor.

Prionops plumatus. *Shaw.*

Deine, Ponte (Sénégal).

Chaunonotus Sabinei. *Gray.*

Gabon.

Laniarius barbarus. *Linn.*

Presqu'île du Cap-Vert, M'baô, Bathurst.

Meristes chloris. *Valenc.*

Gabon, confluent de l'Ogooué.

Malaconotus icterus. *Cuv.*

Daranka.

— hypopyrrhus. *Verr.*

Gabon.

Dryoscopus Gambensis. *Licht.*

Zinghinchor.

— leucorhynchus. *Hartl.*

Gabon, Haut-Ogooué.

— major. *Hartl.*

Fernand-Vaz.

Telophorus similis. *Smith.*

Dakar, Tièce.

— superciliosus. *Sw.*

Daranka.

Pomatorhynchus erythropterus. *Schaw.*

Bathurst.

S.-ordre. *CONIROSTRES.*

Fam. CORVIDÆ.

S.-fam. *COLLÆAITNÆ.*

Cryptorhina afra. *Linn.*
>
> Hann (Sénégal), cap Sainte-Marie (Gambie).

S.-fam. *CORVINÆ.*

Corvus scapulatus. *Daud.*
> Deine, Hann, presqu'île du Cap-Vert, Ruffisque.

Fam. STURNIDÆ.

S.-fam. *BUPHAGINÆ.*

Buphaga Africana. *Linn.*
> Gabon.

— erythrorhyncha. *Stanl.*
> Dakar, M'baô, Deine.

S.-fam. *JUIDINÆ*

Juida ænea. *Linn.*
> Dakar, Ruffisque, Hann, Deine, M'baô.

Lamprocolius auratus. *Linn.*
> Dakar, M'baô, Ruffisque, Hann, Deine,
> Daranka, Zinghinchor, Sédhiou.

— splendidus. *Vieill.*
> Daranka, Sédhiou.

— phænicopterus. *Sw.*
> Fernand-Vaz.

Lamprocolius chloropterus. *Sw.*

Sénégal.

— purpureiceps. *Verr.*

Gabon, Fernand-Vaz.

— nitens. *Linn.*

Gabon.

— ignitus. *Nordm.*

Ile du Prince.

Cinnyricinclus leucogaster. *Linn.*

Bathurst, Sierra-Leone.

Spreo pulchra. *Müll.*

Sénégal.

Fam. PLOCEIDÆ.

S.-fam. *PLOCEINÆ.*

Textor alecto. *Temm.*

Deine (Sénégal).

Hyphantornis cucullatta. *Müll.*

Dakar, cap Sainte-Marie, Bathurst.

— Grayi. *Verr.*

Gabon.

— cincta. *Cass.*

Confluent de l'Ogooué.

Sitagra luteola. *Licht.*

Bathurst, Bonny.

— personata. *Vieill.*

Bonny.

Hyphanturgus brachypterus. *Sw.*

Marigot de M'baô.

Hyphanturgus aurantius. *Vieill*.

Bonny, confluent de l'Ogooué.

Malimbus cristatus. *Vieill*.

Gabon.

— scutatus. *Cass*.

Fernand-Vaz.

— nitens. *Gray*.

Gabon.

— nigerrimus. *Vieill*.

Gabon, confluent de l'Ogooué.

Ploceus sanguinirostris. *Linn*.

Montagnes des Mamelles (Sénégal), Bathurst.

Foudia erythrops. *Hartl*.

Gabon.

Pyromelana Franciscana. *Isert*.

Bathurst.

Taha afra. *Gmel*.

Daranka.

Nigrita canicapila. *Strickl*.

Fernando-Po, confluent de l'Ogooué.

— luteifrons. *Verr*.

Confluent de l'Ogooué.

S.-fam. *VIDUANÆ*.

Vidua principalis. *Linn*.

Bathurst, Daranka, Gabon.

— paradisea. *Linn*.

Bathurst, Daranka.

Coliuspasser macroura. *Gmel*.

Fernand-Vaz.

S.-fam. *SPERMESTINÆ.*

Spermospisa guttata. *Vieill.*

Gabon.

Pyrenestes coccineus. *Cass.*

Gabon.

Estrilda astrild. *Linn.*

Bathurst, Daranka.

— cinerea. *Vieill.*

Gambie.

— atricapilla. *Verr.*

Confluent de l'Ogooué.

— melpoda. *Vieill.*

Daranka.

— Bengala. *Linn.*

Dakar, Joal, Bathurst.

— subflava. *Vieill.*

Gambie.

— rufopicta. *Fras.*

Daranka.

— minima. *Vieill.*

Dakar, Hann.

— Senegala. *Linn.*

Daranka.

— cœrulescens. *Vieill.*

Bathurst.

Amadina fasciata. *Gm.*

Ruffisque.

Spermestes cucullata. *Sw.*

Joal, Bathurst, Daranka.

Euodice cantans. *Gm.*

Dakar.

Ortygospiza polyzona. *Temm.*

Dakar, Daranka.

Hypochera chalybeata. *Müll.*

Sédhiou.

—   musica. *Vieill.*

Joal.

Fam. FRINGILLIDÆ.

S.-fam. *FRINGILLINÆ.*

Passer simplex. *Sw.*

Dakar, Tièse, Ruffisque, Bathurst.

S.-fam. *PYRRHULINÆ.*

Crithagra chrysopyga. *Sw.*

Bathurst.

Fam. ALAUDIDÆ.

S.-fam. *ALAUDINÆ.*

Megalophonus occidentalis. *Hartl.*

Gabon.

Pyrrhulauda leucotis. *Stanl.*

Daranka.

Fam. COLIIDÆ.

S.-fam. *COLIINÆ.*

Colius castanotus. *Verr.*

Gabon.

—   macrourus. *Linn.*

Joal, Daranka.

Fam. MUSOPHAGIDÆ.

S.-fam. *MUSOPHAGINÆ*.

Musophaga violacea. *Isert*.
> Sédhiou.

Turacus macrorhynchus. *Fras*.
> Gabon.

— **persa.** *Linn*.
> Sierra-Leone, Ogooué.

— **purpureus.** *Cuv*.
> Zinghinchor, Donny.

— **erythrolophus.** *Vieill*.
> Fernand-Vaz.

— **Meriani.** *Rüpp*.
> Haut Ogooué, lac Onangué.

Schizorhis cristatus. *Vieill*.
> Gabon, confluent de l'Ogooué, Fernand-Vaz.

— **Africanus.** *Lath*.
> Daranka.

Fam. BUCEROTIDÆ.

S.-fam. *BUCEROTINÆ*.

Berenicornis albocristata. *Cass*.
> Gabon, confluent de l'Ogooué, haut Ogooué.

Tockus erythrorhynchus. *Gm*.
> Joal, Sédhiou.

— **fasciatus.** *Shaw*.
> Gabon, confluent de l'Ogooué, haut Ogooué.

— **nasutus.** *Linn*.
> Presqu'île du Cap-Vert, M'baô, Ruffisque,
> Bathurst, Sédhiou.

Tockus camurus. *Cass.*

> Gabon, cap Lopez.

Bycanistes cylindricus. *Temm.*

> Haut et bas Ogooué.

— Sharpei. *Elliot.*

> Haut Ogooué, lac Onangué.

Sphagolobus atratus. *Temm.*

> Confluent de l'Ogooué.

SCANSORES

Fam. PSITTACIDÆ.

S.-fam. *PEZOPORINÆ.*

Paleornis docilis. *Vieill.*

> Tièse, Joal, presqu'île du Cap-Vert.

S.-fam. *PSITTACINÆ.*

Psittacus erythacus. *Linn.*

> Bonny, lac Onangué.

Poicephalus Senegalus. *Linn.*

> Daranka, Diatacunda.

— Gulielmi. *Jard.*

> Gabon.

— Rüppellii. *Gray.*

> Fernand-Vaz.

Psittacula pullaria. *Linn.*

> Cap Lagos, île du Prince.

Fam. CAPITONIDÆ.

S.-fam. *POGONORYNCHINÆ*.

Pogonorhynchus dubius. *Gmel.*
> Bathurst, Deine.

— bidentatus. *Shaw.*
> Gabon.

— Vieilloti. *Leach.*
> Zinghinchor.

Tricholæma hirsuta. *Sw.*
> Vieux-Calabar.

S.-fam. *MEGALAIMINÆ*.

Buccanodon Duchaillui. *Cass.*
> Gabon.

Barbatula subsulphurea. *Fras.*
> Confluent de l'Ogooué.

Xylobucco scolopaceus. *Temm.*
> Ogooué

Gymnobucco calvus. *Lafres.*
> Bonny.

Trachyphonus purpuratus. *Verr.*
> Gabon, confluent de l'Ogooué.

Fam. PICIDÆ.

S.-fam. *PICINÆ*.

Dendropicus Africanus. *Gray.*
> Gabon, confluent de l'Ogooué.

— minutus. *Temm.*
> Sédhiou.

Mesopicus menstruus. *Scop*.

Deinc.

— goertæ. *Müll*.

Hann.

S.-fam. *GECININÆ*.

Campethera maculosa. *Valenc*.

Gabon.

— brachyrhyncha. *Sw*.

Gabon, confluent de l'Ogooué.

— Gabonensis. *Verr*.

Gabon.

— Caroli. *Malh*.

Gabon, confluent de l'Ogooué, Fernand-Vaz.

— punctata. *Cuv*.

Daranka.

Fam. CUCULIDÆ.

S.-fam. *INDICATORINÆ*.

Indicator major. *Seph*.

Bonny.

— conirostris. *Cass*.

Ogooué.

S.-fam. *PHÆNICOPHAINÆ*.

Zanclostomus aereus. *Vieill*.

Gabon.

— flavirostris. *Sw*.

Gabon, confluent de l'Ogooué, Fernand-Vaz.

S.-fam. *CENTROPODINÆ.*

Centropus Senegalensis. *Linn.*
>> Cap Vert, Hann, Bathurst, Daranka.

— Francisci. *Bp.*
>> Confluent de l'Ogooué.

— monachus. *Rüpp.*
>> Confluent de l'Ogooué.

S.-fam. *CUCULINÆ.*

Cuculus Gabonensis. *Lafres.*
>> Gabon.

Chrysococcyx smaragdineus. *Sw.*
>> Zinghinchor.

Lamprococcyx cupreus. *Bodd.*
>> Confluent de l'Ogooué, Gabon.

— Klaasi. *Shaw.*
>> Gabon.

Coccytes glandarius. *Linn.*
>> Presqu'île du Cap-Vert, Hann.

Oxylophus Jacobinus. *Bodd.*
>> Deine.

— Caffer. *Licht.*
>> Daranka.

COLUMBÆ

Fam. COLUMBIDÆ.

S.-fam. *TRERORINÆ*.

Phalacrotreron calva. *Temm.*

Gabon.

—   nudirostris.

Gabon.

—   Abyssinica. *Lath.*

Diatacunda.

S.-fam. *COLUMBINÆ*.

Turturœna iriditorques. *Cass.*

Gabon.

Strictœnas Guinea. *Gray.*

Daranka.

Turtur Senegalensis. *Linn.*

Presqu'île du Cap-Vert, M'baô.

Streptopelia semitorquata. *Rüpp.*

Gabon, confluent de l'Ogooué.

—   erythrophrys. *Sw.*

Presqu'île du Cap-Vert, M'baô.

—   albiventris. *Gray.*

Presqu'île du Cap-Vert, M'baô, Hann.

S.-fam. *GOURINÆ*.

Chalcopelia Afra. *Linn.*

Presqu'île du Cap-Vert, M'baô, Ruffisque.

Chalcopelia puella. *Schl.*

Gabon, confluent de l'Ogooué.

Brehmeri. *Hartl.*

Gabon, confluent de l'Ogooué.

GALLINÆ

Fam. PHASIANIDÆ.

S.-fam. *NUMIDINÆ.*

Numida meleagris. *Linn.*

Daranka.

— plumifera. *Cass.*

Gabon.

Fam. TETRAONIDÆ.

S.-fam. *PERDICINÆ.*

Ptilopachus ventralis. *Valenc.*

Montagne des Mamelles, Ponte.

Chætopus bicalcaratus. *Linn.*

Ruffisque.

Peliperdix Lathami. *Hart.*

Confluent de l'Ogooué.

Coturnix communis. *Bonn.*

Ruffisque, presqu'île du Cap-Vert, M'baô.

3

GRALLÆ

Fam. OTIDIDÆ.

S.-fam. *OTIDINÆ*

Lissotris Senegalensis. *Vieill*
> Sédhiou.

Fam. CHARADRIADÆ.

S.-fam. *OEDICNEMINÆ*

OEdicnemus Senegalensis. *Sw.*
> Fernand-Vaz.

S.-fam. *CHARADRINÆ.*

Lobivanellus Senegallus. *Linn.*
> Dakar, M'baô.

Hoplopterus spinosus. *Linn.*
> Dakar, M'baô.

Xiphidiopterus albiceps. *Fras.*
> Lac Onangué, Fernand-Vaz.

Sarciophorus tectus. *Bodd.*
> Ruffisque.

Ægialithis zonata. *Sw.*
> Zinghinchor.

——   tricollaris. *Vieill.*
> Gabon.

Leucopolius marginatus. *Vieill.*
> Confluent de l'Ogooué.

Fam. GLAREOLIDÆ.

S.-fam. *GLAREOLINÆ.*

Glareola pratincola. *Linn.*

Almadis (Sénégal).

— Nordmanni. *Fischer.*

Gabon.

— cinerea. *Fras.*

Confluent de l'Ogooué.

S.-fam. *CURSORINÆ.*

Cursorius Senegalensis. *Licht.*

Dabar.

Fam. HÆMATOPODIDÆ.

S.-fam. *HÆMATOPODINÆ.*

Hæmatopus ostralegus. *Linn.*

Almadis.

S.-fam. *CINCLINÆ.*

Cinclus interpres. *Linn.*

Cap Sainte-Marie (Gambie).

Fam. GRUIDÆ.

S.-fam. *GRUINÆ.*

Balearica pavonina. *Linn.*

Joal.

Fam. ARDEIDÆ.

S.-fam. *ARDEINÆ*

Ardea cinerea. *Linn.*

Ruffisque, M'baô.

Ardea purpurea. *Linn.*

Daranka.

Herodias alba. *Linn.*

Joal.

— **garzetta.** *Linn.*

Dcine, Daranka.

— **ardesiaca.** *Wagl.*

Rivière de Malacorée.

Bubulcus ibis. *Hasselq.*

Diatacunda.

Ardeola comata. *Pall.*

Ponte.

Ardetta minuta. *Linn.*

Dakar.

Butorides atricapilla. *Afzel.*

Ruffisque, Gabon, lac Onangué.

S.-fam. *BOTAURINÆ.*

Nyctiardea nycticorax. *Linn.*

Ogooué.

S.-fam. *SCOPINÆ.*

Scopus umbretta. *Gm.*

Bonny, Fernand-Vaz.

Fam. CICONIIDÆ.

S.-fam. *CICONIINÆ.*

Ciconia nigra. *Linn.*

Bathurst.

— **episcopa.** *Bodd.*

Fernand-Vaz.

Mycteria Senegalensis. *Shaw*.

Sédhiou.

Fam. PLATALEIDÆ.

S.-fam. *PLATALEINÆ*.

Leucerodius tenuirostris. *Temm*.

Lac Onangué.

Fam. TANTALIDÆ.

S.-fam. *TANTALINÆ*.

Tantalus ibis. *Linn*.

Confluent de l'Ogooué, lac Onangué.

S.-fam. *IBIDINÆ*.

Ibis falcinellus. *Linn*.

Ogooué.

Threskiornis Æthiopicus. *Lath*.

Lac Onangué.

Hagedashia hagedash. *Lath*.

Confluent de l'Ogooué, lac Onangué.

Fam. SCOLOPACIDÆ.

S.-fam. *SCOLOPACINÆ*.

Numenius phæopus. *Linn*.

Bonny.

S.-fam. *TOTANINÆ*

Totanus calidris. *Linn*.

Joal.

— fuscus. *Linn*.

Hann.

Totanus glottis. *Linn.*

Hann.

Tringoïdes hypoleucos. *Linn.*

Almadis, Gabon.

S.-fam. *RECURVIROSTINÆ*

Himantopus autumnalis. *Linn.*

Lac Onangué.

S.-fam. *TRINGINÆ.*

Auctodromas minuta. *Leils.*

Marigot de M'baô.

Tringa subarquata. *Güld.*

Hann.

Calidris arenaria. *Linn.*

Dakar, Hann.

S.-fam. *SCOLOPACINÆ.*

Gallinago scolopacina. *Bp.*

M'baô.

Rhynchæa Capensis. *Linn.*

Almadis.

S.-fam. *RALLINÆ.*

Limnocorax flavirostra. *Sw.*

Sédhiou.

Corethrura pulchra. *Gray.*

Gabon.

S.-fam. *HIMANTHORNITHINÆ*

Himanthornis hæmatopus. *Temm.*

Gabon.

Fam. GALLINULIDÆ.

S.-fam. *PORPHYRIONINÆ*.

Porphyrio Alleni. *Thomps*.

Gabon.

S.-fam. *GALLINULINÆ*.

Canirallus oculeus. *Temm*.

Gabon, Fernand-Vaz.

Fam. HELIORNITHIDÆ.

S.-fam. *HELIORNITHINÆ*.

Podica Senegalensis. *Vieill*.

Confluent de l'Ogooué.

Fam. PARRIDÆ.

S.-fam. *PARRINÆ*.

Metopodius Africanus. *Lath*.

Almadis, confluent de l'Ogooué.

ANSERES

Fam. ANATIDÆ.

S.-fam. *PLECTROPTERINÆ*.

Sarkidiornis Africana. *Eyton*.

Diatacunda.

S.-fam. *ANSERINÆ*.

Nettapus auritus. *Bodd*.

Fernand-Vaz.

S.-fam. *ANATINÆ.*

Dendrocygna viduata. *Linn*.

Hann.

Fam. PODICIPIDÆ.

S.-fam. *PODICIPINÆ.*

Podiceps cristatus. *Linn*.

Almadis.

— Capensis. *Bp.*

Gabon.

Fam. PROCELLARIDÆ.

S.-fam. *PROCELLARINÆ.*

Puffinus major. *Fab*.

Fernand-Vaz.

Daption Capensis. *Linn*.

Gabon.

Fam. LARIDÆ.

S.-fam. *STERCORARIINÆ.*

Stercorarius cephus. *Brünn*.

Gabon.

S.-fam. *LARINÆ.*

Larus argentatus. *Brünn*.

Dakar, Almadis.

4 — Hartlaubii. *Bruch*.

Bathurst.

— gelastes. *Licht*.

Dakar.

S.-fam. *STERNINÆ.*

Sterna fluviatilis. *Naum.*

    Les Mamelles, conflent de l'Ogooué.

Actochelidon cantiaca. *Gm.*

    Dakar, Gabon.

Thalassea caspia. *Pall.*

    Ruffisque.

Pelanopus Bergii. *Licht.*

    Almadis.

S.-fam. *RYNCHOPSINÆ.*

Rhynchops flavirostris. *Vieill.*

    Confluent de l'Ogooué.

Fam. **PHAETONIDÆ.**

S.-fam. *PHAETONINÆ.*

Phaëton æthereus. *Linn.*

    Fernand-Vaz.

Fam. **PLOTIDÆ.**

S.-fam. *PLOTINÆ.*

Plotus Levaillantii. *Licht.*

    Confluent de l'Ogooué, lac Onangué.

Fam. **PELECANIDÆ.**

S.-fam. *GRACULINÆ.*

Graculus carbo. *Linn.*

    Ogooué.

— lucidus. *Licht.*

    Almadis.

Microcarbo Africanus. *Gm.*

Ruffisque, lac Onangué.

S.-fam. *PELECANINÆ.*

Pelecanus onocrotalus. *Linn.*

Daranka.

— **rufescens.** *Gm.*

Confluent de l'Ogooué, lac Onangué.

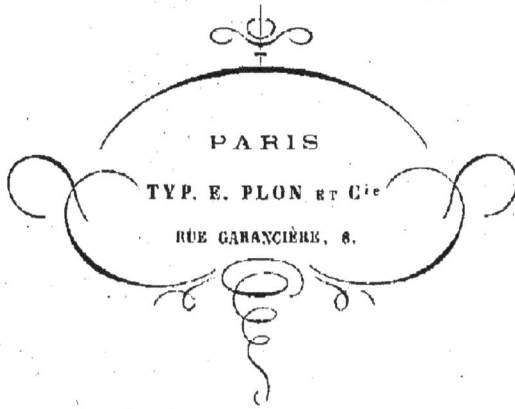

PARIS

TYP. E. PLON et Cie

RUE GARANCIÈRE, 8.

www.ingramcontent.com/pod-product-compliance
Lightning Source LLC
Chambersburg PA
CBHW071437200326
41520CB00014B/3728